Bibliografische Information der Deutschen Nationalbibliothek:

Die Deutsche Bibliothek verzeichnet diese Publikation in der Deutschen National-
bibliografie; detaillierte bibliografische Daten sind im Internet über http://dnb.d-
nb.de/ abrufbar.

Impressum:

Copyright © 2009 GRIN Verlag, Open Publishing GmbH
Druck und Bindung: Books on Demand GmbH, Norderstedt Germany
ISBN: 9783640555604

Dieses Buch bei GRIN:

http://www.grin.com/de/e-book/144628/neuere-ansaetze-zur-sozialstrukturanalyse-
und-ihre-umsetzung-in-die-empirie

Ayca Aytekin

Neuere Ansätze zur Sozialstrukturanalyse und ihre Umsetzung in die Empirie anhand Bourdieu

GRIN Verlag

Georg-August-Universität Göttingen

Sozialwissenschaftliche Fakultät

Institut für Soziologie

Wintersemester 2009/010

Hausarbeit im Proseminar

für Wirtschafts- und Sozialstatistik

Neuere Ansätze zur Sozialstrukturanalyse und ihre Umsetzung in die Empirie

Inhaltsverzeichnis

1. Einleitung

Das Thema der „neueren Ansätze zur Sozialstrukturanalyse" wurde in der 80er und frühen
90er Jahren zunehmend aktuell. Die Ursachen hierfür lagen im Aufkommen „neuer" Erscheinungsformen der gesellschaftlichen Strukturen. Somit traten auch immer mehr neue Dimensionen und Ursachen sozialer Ungleichheit in den Vordergrund. Die starken Entwicklungstendenzen in der Gesellschaft ließen die konventionellen Schicht – und Klassenmodelle für das Erfassen zunehmend moderner Gesellschaften unzureichend. Die Analyse einer fortgeschrittenen Gesellschaft forderte neue Konzepte um einer ganzheitlichen Analyse gerecht werden zu können. Es wurde in der Forschung immer mehr bekannt, dass die Vor- und Nachteile der Lebensbedingungen und –chancen nicht nur im Zusammenhang mit der Stellung im Erwerbsleben stehen. Die Relevanz anderer Faktoren für die Statuszuschreibung gewann an Bedeutung.[1]

Die Basis der Klassen- und Schichtmodelle, der systematische Zusammenhang zwischen sozialer Lage und Lebensweise, wurde durch die verstärkte Entkopplung von Lebenslage und Lebensweise überholt. Weitere Auslöser der neueren Ansätze waren unter anderem Pluralisierungstendenzen und Individualisierung der Lebenslagen, wodurch verschiedene Soziallagen in der Gesellschaft sichtbar wurden. Auch die Zunahme des allgemeinen Wohlstandes durch Einkommensverbesserung, die Bildungsexpansion und Zunahme an persönlicher Freiheit trugen ihren Beitrag dazu bei. Die Neukonzeptionen der Sozialstrukturanalyse umfassen zusätzliche Indikatoren, die als Milieu- und Lebensstilforschung der „neuen Gesellschaftsstruktur" gerecht werden sollen. Sie schließen die subjektive Handlungs- und Erfahrungsebene sowie differenzierte Ungleichheitsdimensionen mit ein. Diese allgemeine Entwicklung zu einer vielfältigen modernen Gesellschaft hin, führte zum Bedeutungsverlust vertikaler sozialer Strukturen wie z.B. Einkommen. Ein großer Wert wurde zunehmend auf neue horizontale Strukturen, soziale Milieus und Lebensstile, für eine gezieltere Strukturierung der modernen Gesellschaft gelegt.[2]

Wir haben uns unter den vielzähligen Methoden der Sozialstrukturanalyse fortgeschrittener Gesellschaften für das Modell von Bourdieu entschieden. Wir sind der Auffassung, dass das Sozialraum-Modell von Bourdieu einen umfassenden Einblick in die neuere Methode der Sozialstrukturanalyse bietet. Das Modell des sozialen Raumes und sozialer Klassen wurde am

---

[1]   Vgl. Peter A. Berger, Stefan Hradil (Hrsg.), *Soziale Welt. Lebenslagen, Lebensläufe, Lebensstile*, Göttingen: Otto Schwartz & Co. (1990), S.3f.
[2]   Vgl. Uwe Helmert, Karin Bamman et. al. (Hrsg.), *Soziale Ungleichheit und Gesundheit in Deutschland. Müssen Arme früher sterben?* München: Juventa (2000), S.9.

Beispiel Frankreichs konstruiert und dient gleichsam als übertragbares Modell auf andere moderne Klassengesellschaften. Zudem kommt Bourdieu in diesem Themengebiet eine besondere Bedeutung zu, da er mit seinen Werken die Diskurse zu neueren Ansätzen der Sozialstrukturanalyse beständig angeregt hat. Er gründete eine Theorie der sozialen Ungleichheit in kapitalistischen Gesellschaften unter Einbeziehung des Klassenkonzeptes. Er trägt einen bedeutsamen Beitrag zum Thema mit seinen Ideen bei. Zu seiner Grundidee gehört, dass er die Klassen nicht nur aufgrund der sozioökonomischen Lage der Angehörigen begründet, sondern andere relevante Faktoren mit einbezieht.[3] Somit ist er einer der bedeutsamen Klassiker, der zum Thema der „neueren Ansätze" einen nachhaltigen Beitrag geleistet hat.

Die Hausarbeit beginnen wir mit einer kurzen Übersicht über den Verlauf der Entwicklung der Modelle zur Sozialstrukturanalyse und einem Einblick in die allgemeinen Kennzeichen der neueren Konzeptionen. Im Folgenden stellen wir die Theorie Bourdieus dar. Die Theorie Pierre Bourdieus konzentriert sich auf den sozialen Raum, den Habitus, auf die Kapitalarten und die daraus resultierenden Lebensstile und Geschmäcker. Dabei versuchen wir den Aufbau und die Entstehung des sozialen Raumes, sowie wie Räume in der Gesellschaft überhaupt entstehen können zu beschreiben. Der Habitus spielt hierbei eine signifikante Rolle und ist der Schlüsselbegriff um Bourdieus Theorie verstehen zu können. Des Weiteren werden die vier Kapitalarten, ökonomisches, soziales, kulturelles und symbolisches Kapital bei Bourdieu näher erläutert und ihre Beziehungen untereinander dargestellt. Daraufhin gehen wir auf die Umsetzung in die Empirie am Beispiel Frankreichs in den 60er Jahren ein. Um den Rahmen der Hausarbeit nicht zu sprengen beschränken wir uns in der Studie der „Feinen Unterschiede" auf den Klassengeschmack und die Lebensstile. Die Hausarbeit schließt mit einer Endbetrachtung, dem Fazit ab

2. Kennzeichen neuerer Konzeptionen der Sozialstrukturanalyse

Die Ansätze zur Sozialstrukturanalyse sind zeitlich und thematisch in zwei Teile gegliedert. Bis Ende der 70er Jahre dominierten Theorien zu Klassen- und Schichtansätzen. Die gängigen Vertreter sind unter anderem Karl Marx und Max Weber. Nebenbei existierten auch andere Ansätze, wie die von Schelsky zur nivellierten Mittelstandsgesellschaft.

---

[3]   Vgl. Harmut Lüdtke, *Expressive Ungleichheit. Zur Soziologie der Lebensstile*, Opladen: Leske u. Budrich (1989), S.30.

4

Etwa zu Beginn der 80er Jahre kommen Ansätze wie die der Lebensstile und Milieus, soziale Lagen und Individualisierungstheorien verstärkt in den Vorschein. Außerdem sind erweiterte Klassen- und Schichtenmodelle vorhanden.

Als bekannte Vertreter der neueren Ansätze sind unter anderem Bourdieu, Geißler, Hradil, Beck und Goldthorpe zu nennen.[4]

Die „neueren Ansätze der Sozialstrukturanalyse" traten als Reaktion gegen die allgemeinen Entwicklungstendenzen in den gesellschaftlichen Lebensverhältnissen auf. Die Merkmale der neuen Gesellschaftsstruktur lassen sich unter anderem charakterisieren durch Phänomene wie der Anstieg des Lebensstandards, die zunehmende Vielfalt der Lebensbedingungen, die Zunahme an Mobilität, Anstieg der Ressourcen der Haushalte, vermehrte Möglichkeiten zur Organisation des Alltags und gesunkene Verbindlichkeit von Traditionen und Sitten. Die neuen Ansätze dienen dazu den veränderten Strukturen der Gesellschaft gerecht zu werden und alle „neuen" Dimensionen mit einzuschließen.

Die üblichen Ungleichheitsstrukturen, die bis in die 50er Jahre von Relevanz waren, „wie z.b. Macht-, Vermögens-, Einkommens-, Bildungs- und Prestigedifferenzierungen"[5] wurden von differenzierteren Dimensionen neuer Strukturen der Gesellschaftsform ergänzt. Dies führte dazu, dass Begriffe wie Stand, Klasse und Schicht zunehmend an Bedeutung verloren oder auch ergänzt und erweitert wurden.

Auf der einen Seite traten ältere Dimensionen verstärkt wieder in den Blickpunkt der Forscher und auf der anderen Seite wurde neuen, bisher unbekannten Phänomenen Relevanz zugesprochen.[6] Aus der neuen Situation heraus wurde erkannt, dass das Spektrum der relevanten Faktoren für die Bestimmung der Sozialstruktur viel differenzierter und breiter geworden ist. Aus diesem Grund heraus wurden weitere Merkmale wie z.B. Geschlechterunterschiede, Unterschiede zwischen Stadt- und Landbewohnern und auch der Unterschied zwischen Einheimischen und Ausländern erweiternd in die Sozialstrukturanalyse hinzugefügt.[7]

Als neue Komponenten der Sozialstrukturanalyse traten nun horizontale Disparitäten in den Blickpunkt. In einer zunehmend modernen Gesellschaft verstärkten sich die Unterschiede zwischen regionalen Ungleichgewichten und infrastruktureller Versorgung, die schwer mit den üblichen vertikalen Klassenmodellen erklärbar schienen. Somit eröffnete sich eine neue Dimension der Lebensbereiche. Askriptiven Ungleichheitsstrukturen kamen von dem Zeit-

---

[4]   Vgl. Nicole Burzan, *Soziale Ungleichheit. Eine Einführung in die zentralen Theorien*, Wiesbaden: VS Verlag für Sozialwissenschaften (2007), S. 12.
[5]   Berger, Hradil, *Soziale Welt*, S.27.
[6]   Vgl. ebd.
[7]   Vgl. Stefan Hradil, *Sozialstrukturanalyse in einer fortgeschrittenen Gesellschaft*, Opladen: Leske u. Budrich (1987), S.40.

punkt an große Bedeutung zu. Diese askriptiven Merkmale, die z.b. auf das Geschlecht oder die Ethnie zurückzuführen sind, wurden bisher mit den Klassen und Schichtmodellen nicht erfasst. Ursprünglich wurden in den Schichtmodellen nur der Beruf und das Einkommen des Mannes in einer Familie berücksichtigt. In der „neuen Sozialstrukturanalyse" gewannen daneben auch Entlohnungsdisparitäten, Unterschiede in den Arbeitsbedingungen und sozialer Sicherheit an Bedeutung zu.[8]

Durch diese oben genannte Umstrukturierung der gesellschaftlichen Lebensverhältnisse suchten die Forscher neue und ergänzende Methoden zu den Klassen und Schichtmodellen, aus dem der Begriff des „Lebensstils" hervorging. Lebensstilanalysen dienen nicht der Einordnung in vor geformte Strukturen, sondern erfüllen den Zweck der Verdeutlichung der verschiedenen Möglichkeiten und Präferenzen eines Lebensstils. Der zugeordnete Lebensstil zu einer Gruppe oder Person stellt nicht die gesamte persönliche Lebenslaufbahn dar. Sie dient der Einordnung der Lebensstile für bestimmte Lebensphasen.[9] Der Unterschied zu den früheren Klassenmodellen besteht im Lebensstilmodell darin, dass sie sich nicht nur auf objektive Merkmale wie z.b. das Einkommen stütz, sondern an „kulturellen und symbolischen Faktoren"[10] orientiert ist. Dabei wird nicht von objektiven Merkmalen auf das Verhalten und die Einstellungen der Person geschlossen. Bei Lebensstilansätzen steht die Betrachtung des subjektiven Empfindens im Mittelpunkt und zeigt somit eine vielseitige Analyse auf. Ziel hierbei ist es, die Gesellschaftsstruktur als Makroebene mit der Handlungsebene der Mikroebene zu verknüpfen.[11]

Zu den wichtigen „neueren Ansätzen" der Sozialstrukturanalyse zählt auch die Milieuforschung. Kennzeichnend für diesen Ansatz ist die Orientierung an subjektivistischen Kennzeichen. Sie unterscheidet die Bevölkerung nach ihren Werthaltungen und Lebensstilen. Somit werden Gruppen aus den Personen gebildet, die sich in ihrer Lebensweise und –auffassung ähnlich sind. Befragt werden die Personen unter anderem zu ihren Lebenszielen, Einstellungen zu bestimmten Bereichen des Lebens, ihrer Haltung zu der Familie sowie zu politischen Überzeugungen. Nach diesem Vorgehen werden Gruppen zu „sozialen Milieus" zusammengefasst. Die Milieuforschung geht davon aus, dass Menschen in ihrer sozialen Entwicklung und ihren Werthaltungen durch die soziale Umwelt beeinflusst werden. Die Übergänge zwischen den Milieus sind fließend und es gibt dabei auch Überschneidungen sowie Zwischenformen.

---

[8] Vgl. Hans-Peter Müller, *Sozialstruktur und Lebensstile. Der neuere theoretische Diskurs über soziale Ungleichheit*, Frankfurt am Main: Suhrkamp (1992), S.39f.
[9] Vgl. Hradil, *Soziale Welt*, S.502f.
[10] Burzan, *Soziale Ungleichheit*, S.93.
[11] Vgl. ebd.

Mit den neueren Ansätzen zur Sozialstrukturanalyse sind außerdem Modelle der „sozialen Lage" entwickelt worden. Sie dienen seit gegen Ende der 1980er Jahre dazu, die mehrdimensionale Ungleichheitsstruktur besser zu rekonstruieren. Diese Modelle ermöglichen das Erfassen vertikaler sowie horizontaler Ungleichheitsstrukturen. Dazu zählt z.b. die Analyse der Berufsposition als vertikale Komponente und die des Geschlechtes, Alters und der Region als horizontale Komponente. Zusätzlich schließt dieses Modell das subjektive Empfinden mit ein. Zu den Untersuchungen zählt z.b. die Analyse der materiellen Ressourcen als objektives Kriterium und die Zufriedenheit mit dem eigenen Leben als subjektives Kriterium. Durch die Verbindung der oben genannten Dimensionen wird ermöglicht, differenziert in die Sozialstrukturellen Merkmale Einblick zu gewinnen. [12]

Die neuen Modelle der Sozialstrukturanalyse haben den Vorteil, dass sie objektive Gegebenheiten mit subjektiven Wahrnehmungsmustern verknüpfen. Sie orientieren sich nicht nur nach der Stellung im Produktionsprozess und verknüpfen somit viele Aspekte der Sozialstruktur miteinander. Berücksichtigt werden auch vielfältige Einflussfaktoren, die die scharfen Grenzen zwischen den unterschiedlichen Schichten ablösen und eine Möglichkeit zur Vielfalt bieten. Ob diese neueren Modelle zur Erfassung der Sozialstruktur einer modernen Gesellschaft nachkommen ist unter den Forschern umstritten. Kritikpunkte sind unter anderem, dass diese Ansätze die bestehenden vertikalen Ungleichheiten vernachlässigen.[13] Je nach Auffassung werden die neuen Methoden als Ablösung der konventionellen Klassen- und Schichtmodelle, oder als Ergänzung umgesetzt.[14]

3. Bourdieu und der soziale Raum

Die soziale Welt nach Pierre Bourdieu ist ein mehrdimensional strukturierter Raum und in diesem sozialen Raum hat jeder Akteur seine jeweilige Stellung. Dabei unterscheidet Bourdieu die vertikale und die horizontale Dimension im sozialen Raum. In der vertikalen Dimension spielt sich der Status- und Prestigekampf der unterschiedlichen Berufsgruppen ab. Die horizontale Dimension differenziert die sozialen Felder. Die sozialen Felder können auch als Teil-Räume des sozialen Raumes bezeichnet werden. Diese Teilräume beinhalten die Handlungsräume der Akteure, wo drin der Austausch des Kapitals stattfindet. Handlungsräume sind sehr vielfältig und können sich auch weiter in einzelne Segmente unterteilen. Der Hand-

---

[12]   Vgl. Rainer Geißler, (2009): *Facetten der modernen Sozialstruktur*. In: Heft 269.
http://www1.bpb.de/publikationen/3KK1NR,0,Facetten_der_modernen_Sozialstruktur.html (30.11.2009)
[13]   Vgl. Burzan, *Soziale Ungleichheit*, S.124.
[14]   Vgl. ebd. S.93f.

lungsraum der Kultur ist ein gutes Beispiel dafür, denn zur Kultur zählen viele Unterfelder wie, Musik, Theater und viele weitere.

Den sozialen Raum selbst unterteilt Bourdieu, zum einen in den *Raum der sozialen Positionen* und zum anderen in den *Raum der Lebensstile*. Zwischen diesen Räumen besteht eine Wechselwirkung. Diese Beziehung beider Räume wird durch drei Theorien erklärt, erstens die Kapitaltheorie, zweitens die Klassentheorie und zuletzt das Habituskonzept.[15] Das Kapital unterteilt Bourdieu in drei Arten: ökonomisches, kulturelles und soziales Kapital. Das ökonomische Kapital umfasst alles was in Geld umwandelbar ist. Die Definition des kulturellen Kapitals ist spezieller. Das inkorporierte Kulturkapital ist ein Charakteristikum einer Person und wird durch die Sozialisation in der Schule und Familie geprägt. Das institutionalisierte Kulturkapital umfasst den Bereich der Kompetenzen einer Person, die er mit offiziellen Nachweisen und Zertifikaten erlangt hat. Das soziale Kapital umfasst den Bereich der Zugehörigkeit zu einer Gruppe und die dafür benötigten spezifischen Ressourcen. Die Platzierung im Raum der sozialen Positionen resultiert aus der Struktur der Ressourcen. Diese Ressourcenstruktur ist wiederum bestimmt durch das Gesamtvolumen der Kapitalarten, welche bereits erläutert wurden. Den Raum der sozialen Positionen unterteilt Bourdieu in drei Klassen: herrschende, mittlere und Arbeiterklasse. Diese Klassen unterscheiden sich nochmals in ihren kulturellen Fraktionen. Die kulturelle Fraktion wäre zum Beispiel in der Mittelklasse eine mittlere Führungskraft oder ein Hauptschullehrer.[16] Den sozialen Raum muss man sich als ein interaktives, dynamisches Feld vorstellen, weil die Akteure in diesem Raum ständig ihre sozialen Stellungen aushandeln und den Gewinn an Distinktionen anstreben. Zusammenfassend veranschaulicht der soziale Raum die Kämpfe in der Gesellschaft um die sozialen Positionen und beschreibt die Beziehungen dieser kämpfenden Akteure.[17] Bourdieu hat mit seinem Modell nicht versucht die Angehörigen einer Klasse durch äußere Merkmale zu bestimmen, sondern hat in seinen Untersuchungen beobachten können, dass Personen mit einer bestimmten Klassenzugehörigkeit sich auch ebenfalls in einem sozialen Raum aufhalten und deren Eigenschaften, Geschmäcker und Lebensstile annehmen. Der Begriff des Lebensstils hat auch eine wichtige Bedeutung und resultiert aus dem Habitus und wird nun in diesem Kontext näher erläutert werden.[18]

---

[15] Vgl. Stein, Petra, Lebensstile im Kontext von Mobilitätsprozessen, Wiesbaden: Verlag für Sozialwissenschaften (2006), S. 148.
[16] ¹ Vgl. ebd. S. 148f.
[17] Vgl. Holtmann, Dieter, Die Sozialstruktur der Bundesrepublik Deutschland im internationalen Vergleich, Potsdam: Universitätsverlag Potsdam (2008), S. 230.
[18] ¹ Vgl. Rehbein, Boike, Die Soziologie Pierre Bourdieus, Konstanz: UVK (2006), S. 115.

3.1 Habituskonzept

Der Lebensstil einer Person umfasst seine Wertvorstellungen, Geschmack und Konsum. Die Ausgangsfrage Bourdieus war, wie Verhaltensweisen der Menschen geregelt werden, obwohl es keine Regeln dafür gibt. Die Antwort darauf ist der Habitus.[19] Der Habitus vermittelt zwischen dem Raum der Lebensstile und dem Raum der sozialen Positionen. In den Definitionsbereich des Habitus fallen z. B. Denkmuster, Beurteilungsschemata, welche durch die Klassenstruktur erzeugt werden. Diese Strukturen bringen Praxisformen hervor und die jeweilige Praktik wird durch Denk-, Wahrnehmungs- und Beurteilungsschemata gelenkt. Verschiedene Lebensstile entstehen durch diesen Prozess.[20] Der Habitus besitzt eine „strukturierte Struktur" und hat seine eigenen Prinzipien und Schemata für die Lebensführung und Präferenzen einer Person. Deswegen haben Akteure, die sich im selben sozialen Raum befinden, einen ähnlichen Habitus, da auf diese die gleichen Strukturprinzipien wirken. Man kann dadurch eine nicht beabsichtigte Abgestimmtheit der Vorstellungen und Praktiken der Akteure beobachten.[21] Die soziale Welt wird mithilfe der Wahrnehmungs- Denk- und Bewertungsschemata, welche durch den Habitus hervorgebracht werden erfasst. Einfach ausgedrückt bedeutet Habitus gleiches Handeln. Man kann ihn auch als „psychosomatisches Gedächtnis" bezeichnen, weil vergangene Handlungsweisen in einer ähnlichen Situation abgerufen werden und der Akteur wieder nach diesem gleichen Muster handelt. Bourdieu behauptet, dass Menschen sich beim Lernen nicht an Modellen orientieren, sondern die Handlungen anderer Menschen sich aneignen. Dieses übernommene Muster wird dann in der jeweiligen, passenden Situation abgerufen und wiederholt. Da dieses Muster öfter wiederholt werden muss, wird es mit der Zeit „habitualisiert" und wird zur Gewohnheit. Eine Folge für den Akteur ist, dass er Fälle typisiert und Handlungsabschnitte somatisiert.[22] Bourdieu meint auch, dass der *modus operandi* (Vorgehensweise) nur als *opus operatum* (vollzogene Handlung) zu beobachten sei und gibt als Beispiel an, dass jemand der Tennis spielen kann, nicht unbedingt einem anderen das Tennis-Spielen beibringen kann. Diese Tatsache bezeichnet Bourdieu als Disposition. Ein Großteil der Handlungen beruht auf unbewussten Dispositionen, als auf bewussten Intentionen.[23] Sobald sich der Habitus verfestigt hat, ist es sehr schwer ihn zu verändern. Diese Eigenschaft des Habitus bezeichnet Bourdieu als *Hysteresis* und diese ist zum Beispiel für den Generationenkonflikt verantwortlich, da den jüngeren und älteren Personen jeweils andere Bedingun-

---

[19] Vgl. ebd. S. 86.
[20] Vgl. Stein, Lebensstile im Kontext von Mobilitätsprozessen, S. 150f.
[21] Vgl. ebd. S. 69.
[22] Vgl. Rehbein, Die Soziologie Pierre Bourdieus, S. 90.
[23] Vgl. ebd. S.91.

gen und Verhaltensweisen sinnvoll bzw. nicht sinnvoll erscheinen.[24] Eine weitere Dimension des Habitus ist der Geschmack. Der Geschmack beschreibt den Lebensstil und die daraus resultierende Aneignung materieller und symbolischer Güter. Die Determinanten des Geschmacks sind die Größe und Beschaffenheit des ökonomischen, kulturellen und sozialen Kapitals und die Zugehörigkeit zu einer Klasse.[25] Geschmäcker unterscheiden sich nach dem Volumen des jeweiligen Kapitals. Ein hohes ökonomisches Kapital kann andere Geschmacksurteile entstehen lassen, als ein höheres kulturelles Kapital. Auch hier unterscheidet Bourdieu zwischen drei Geschmacksarten. Den legitimen Geschmack schreibt er der herrschenden Klasse zu, dem Kleinbürgertum den prätentiösen und der Arbeiterklasse den Notwendigkeitsgeschmack. Durch diese Unterschiede grenzen sich die Klassen voneinander ab und somit ist die Dimension des Geschmacks eine besonders starke Klassenschranke.[26]

3.2 Kapitalarten und Feld

Mit dem Begriff des Kapitals ist bei Bourdieu nicht nur das ökonomische Kapital gemeint, bei ihm hat diese Begrifflichkeit eine viel höhere Bedeutung. Zum Kapital zählen materielle Güter, wie Geld, als auch symbolische Güter, wie die Anerkennung/Stellung in der Gesellschaft. Die letzteren sind ungleich verteilt und bestimmen Machtpositionen im sozialen Raum.[27] Die Unterscheidung von Kapitalsorten ist zusammenhängend mit dem Begriff des Feldes.[28] Das Feld ist nach Bourdieu eine autonome Welt für sich mit seinen eigenen Spielregeln und eigener Geschichte. Felder entstehen aus „Prozessen wachsender sozialer Differenzierung."[29] Diese Felder bilden ihre spezifische Kapitalsorte. Sie können ökonomisch, sozial, kulturell oder symbolisch sein. Die Kapitalsorten bestimmen die Machtspiele im Feld und grenzen sie von anderen Feldern und Kapitalsorten ab. Die drei Kapitalarten sollen hier nochmal näher erläutert werden. Das ökonomische Kapital, umfasst alle materiellen Besitztümer, die man gegen Geld tauschen kann. Dieses ist nach Bourdieu die wichtigste Kapitalart, da sie auch andere Kapitalarten beeinflusst und formend für diese ist. Das kulturelle Kapital tritt in drei Formen auf. Die erste Form, ist die objektivierte Form. Dieses Kapital besteht aus dem Besitz an Büchern, Kunstwerken usw. und könnte daher in ökonomisches Kapital umgewandelt und

---

[24] Vgl. ebd. S. 93.
[25] Vgl. Stein, Lebensstile im Kontext von Mobilitätsprozessen, S. 155.
[26] Vgl. ebd. S. 155.
[27] Vgl. Barlösius, Eva, Pierre Bourdieu, Frankfurt am Main: Campus Verlag (2006), S. 188.
[28] Vgl. Fuchs-Heinritz, Werner / König, Alexandra, Pierre Bourdieu, Konstanz: UVK (2005), S. 157.
[29] Barlösius, Pierre Bourdieu, S. 188.

durch Geld angeeignet werden.[30] Das kulturelle Kapital hat auch einen inkorporierten Zustand und beinhaltet die kulturellen Kenntnisse einer Person und kann daher nicht erworben und auch nicht in Geld umgewandelt werden. Dieses kulturelle Kapital eignet sich jeder selbst an. Einflussfaktoren dabei sind die Herkunft und die Erziehung in der Familie und das Milieu in dem man aufgewachsen ist. Diese Faktoren sind prägend für den Lebenslauf und bestimmen den Grad der Zugänglichkeit für kulturelle Ressourcen. Die Herkunft einer Person beeinflusst sie sogar auch im späteren Leben. Die institutionalisierte Form des kulturellen Kapitals umfasst die Zertifikate, die man im Bildungssystem erlangt. Denn erst dadurch wird das kulturelle Kapital legitimiert. Nach Bourdieu dient diese Institutionalisierung des kulturellen Kapitals zu einer Grenzziehung zwischen denjenigen, die eine jeweilige Prüfung bestanden haben und denen, die den Anforderungen des Bildungssystems nicht gewachsen sind. Auch diese Art des kulturellen Kapitals lässt sich in ökonomisches Kapital umwandeln, da man nach der Ausbildung die Zulassung für einen bestimmten Beruf erlangen kann und folglich Geld verdient.[31]

Das soziale Kapital beschreibt das Netz der sozialen Beziehungen, die zum Teil schon institutionalisiert sind und mit gegenseitigem Anerkennen und Kennen verbunden sind. Auch die Zugehörigkeit zu einer Gruppe ist hier zu verorden. Das Volumen des Sozialkapitals einer Person ist abhängig von der Größe seines sozialen Netzes und vom Gesamtvolumen des ökonomischen, kulturellen und symbolischen Kapitals anderer, mit denen der Akteur in Beziehung steht. Die Reproduktion sozialen Kapitals wird durch Austausch und gegenseitige Anerkennung neu bestätigt.[32] Die Reproduktion ist sehr zeitintensiv und bezweckt die Erhaltung der Beziehungen, zum Beispiel in Form von Einladungen zum Essen oder Verschicken von Weihnachtsgrüßen.[33] Die letzte Kapitalart ist das symbolische Kapital. Sie beschreibt die Chance Prestige und Anerkennung zu bekommen. Für die Erlangung dieser Anerkennung muss man Bildungszertifikate erlangen, also kulturelles Kapital sich aneignen und dadurch einen Besitzer ökonomischen Kapitals für sich gewinnen.[34]

---

[30]   Vgl. Fuchs/ König, Pierre Bourdieu, S. 158f.

[31]   Vgl. ebd. 165.
[32]   http://www.erzwiss.uni-hamburg.de/personal/lohmann/lehre/som3/bourdieu1992.pdf
[33]   Vgl. Fuchs/Werner, Pierre Bourdieu, S. 167.
[34]   http://www.erzwiss.uni-hamburg.de/personal/lohmann/lehre/som3/bourdieu1992.pdf

4. Umsetzung in die Empirie: „Die feinen Unterschiede. Kritik der gesellschaftlichen Urteilskraft"

Das Werk von Pierre Bourdieu, „Die feinen Unterschiede. Kritik der gesellschaftlichen Urteilskraft" ist eine umfassende Studie, in dem Bourdieu die Mikro- und Makroebene miteinander verbindet. Er entwickelt eine Theorie, die Schicht- und Klassenmodelle mit Handeln, Lebensstil und Habitus verknüpft.[35]

Das empirische Material, das sich Bourdieu bedient hat, setzt sich aus einer Fragebogenerhebung in einer großen, mittleren und kleinen Stadt in Frankreich zusammen,[36] die im Jahre 1963 sowie 1967/68 mit 1217 Befragten durgeführt wurde.[37] Ergänzend hat Bourdieu zahlreiche Quellen verwendet, wie zum Beispiel die Daten des französischen Statistikamtes. Als Grundlage für die Auswahl seiner Stichprobe verwendete er die Ergebnisse der Volkszählung.[38]

Das Ziel, das Bourdieu in seiner Studie verfolgt, ist die Herausarbeitung tiefgründiger Differenzierungen und sozialer Unterschiede. Er stellt eine Analyse der Lebensstile im modernen Frankreich dar, um aufzuzeigen, dass kulturelle Interessen und Handlungsweisen auf soziale Aspekte zurückzuführen sind und dass der Geschmack sich ebenfalls aus den sozialen Gegebenheiten heraus entwickelt.[39]

Unter der Annahme, dass verschiedene Strukturen des geerbten Besitzes in Verbindung mit dem sozialen Werdegang des einzelnen den Habitus und die Orientierung der Handlungsweise bestimmen, geht Bourdieu davon aus, dass diese Strukturen auch im Bereich des Lebensstils aufzufinden sind. Eine wichtige Grundlage, für die Herausbildung der Lebensstile ist der Geschmack. Somit ist der Lebensstil eng mit dem Geschmack verbunden.[40] Der Geschmack der Menschen wirkt als Unterscheidungskriterium in der Gesellschaft. Bourdieu konstruiert daraus den Raum der Lebensstile. Bourdieu verwendet in seinem empirischen Vorgehen die Methode der Korrespondenzanalyse um die Präferenzen in unterschiedlichen Bereichen in einen Zusammenhang zu bringen und daraus den Raum der Lebensstile zu konstruieren. Die

---

[35] Vgl. Georg Oesterdiekhoff, Pierre Bourdieu: Die feinen Unterschiede. Kritik der gesellschaftlichen Urteilskraft, in: *Lexikon der Soziologischen Werke*, Wiesbaden: Westdeutscher Verlag (2001), S. 88.

[36] Vgl. Boike Rehbein, *Die Soziologie Pierre Bourdieus*, Konstanz: UVK (2006), S.186.

[37] Vgl. Walter Reese-Schäfer, Die feinen Unterschiede. Kritik der gesellschaftlichen Urteilskraft, in: *Schlüsselwerke der Soziologie*, Wiesbaden: Westdeutscher Verlag (2001), S. 58f.

[38] Vgl. Rehbein, *Die Soziologie Pierre Bourdieus*, S.186.

[39] Vgl. Ludgera Vogt, Pierre Bourdieu. In: Kaesler, Dirk/Vogt, Ludgera (Hrsg.): Hauptwerke der Soziologie,
Stuttgart: Kröner (2000), S. 60f.

[40] Vgl. Pierre Bourdieu, Die *feinen Unterschiede. Kritik der gesellschaftlichen Urteilskraft*, Frankfurt: Suhrkamp (1987), S. 405.

Spannweite der erfragten Variablen erstreckt sich durch verschiedenste Bereiche der Lebensführung. Themen sind unter anderem der Museumsbesuch, die Musikvorlieben, Essgewohnheiten, die Wohnungseinrichtung sowie Sport und Hobbys.[41]

Unter den Variablen, die der empirischen Erhebung unter anderem zugrunde liegen, sind z.b. um die Beherrschung der legitimen Kultur zu messen, die Bekanntheit von Malern und Musikern und das Interessen in diesem Bereich erfragt worden. Um die ästhetische Einstellung zu klassifizieren verwendet Bourdieu die Frage, mit welchen der vorgegebenen 21 Objekte, welche Gefühle in Verbindung gebracht werden. Und ergänzend sind Fragen zur Wohnungseinrichtung, zum Kochen, der Kleidung und zu den Eigenschaften, die ein Freund aufweisen sollte, vorhanden. Um die Einstellung zur mittleren Kultur zu messen dienen die Fragen nach den Vorlieben zu Musik, Rundfunksendungen und Lesestoff. [42] Eine weitere Variable ist die Höhe der Ausgaben für den Museums- und Theaterbesuch. Es zeigt sich ein deutliches Gefälle, von den herrschenden Fraktionen, bis hin zu den untersten Klassen. Diese Variable stellt für Bourdieu nicht nur die materiellen Ressourcen in den Blickpunkt, sondern sagt auch etwas über den Geschmack aus. Man erfährt, was die einzelnen Fraktionen über den Wert der Kunst denken. Auch die verfolgten Ziele bei einem Besuch von Kultureinrichtungen sind ganz anderer Natur. Die angehenden Intellektuellen suchen ein Höchstmaß an kulturellen Leistungen zum geringen Preis. Für die herrschenden Fraktionen stellt der Besuch einer Kulturstätte einen Anlass zur Demonstration ihrer Stellung und ist demnach auch ein Anlass zu hohen Ausgaben. Sie legen großen Wert auf Qualität und zeigen sich, indem sie in teuren Kleidungen die teuersten Plätze einnehmen.[43] Für Bourdieu stellt der Kauf von Kunstwerken „vergegenständlichte Zeugnisse des persönlichen Geschmacks"[44] dar.

Die Lektüre ist für Bourdieu ebenfalls eine ausschlaggebende Variable. Die Spannbreite von Gedichten, philosophischen Essays, politischen Werken, Zeitschriften über Literatur und Kunst und die Lektüre von Tageszeitungen spiegeln ebenfalls klare Strukturen innerhalb der Fraktionen wieder. Diese Variablen lassen ebenfalls einen eindeutigen Blick in den Geschmack der Klassen zu. Die Indikatoren, mit denen das kulturelle Kapital gemessen wird, variieren gegenläufig zu denen des ökonomischen Kapitals. Damit ergibt sich auf der einen Seite die einkommensschwächsten und zugleich kulturell kompetentesten und auf der anderen Seite die Einkommensstärksten und kulturell inkompetentesten.[45]

---

[41]   Vgl. Ludgera, *Pierre Bourdieu*, S.60.
[42]   Vgl. Bourdieu, *Die feinen Unterschiede*, S. 405f.
[43]   Vgl. Bourdieu, *Die feinen Unterschiede*, S. 416 f.
[44]   ebd. S. 440.
[45]   Vgl. ebd. S. 407.

Die Fragebögen sind mit vielen Antwortvorgaben gestaltet. Zum Beispiel sind bestimmte Künstlernamen aufgeführt, und gefragt welche davon einem bekannt sind oder welche die bevorzugten Künstler sind. Außerdem werden Motive wie Mädchen mit Katze, Schwangere, Sonnenuntergang genannt, und nach der ästhetischen Einstellung gefragt. Auch sind Möbelstücke unter den Antwortvorgaben genannt und Indikatoren zur Kopfbedeckung.[46]Dies ermöglicht eine quantitative und auch eine inhaltliche Analyse der Antworten.

Die Empirie Bourdieus erweist sich als sehr Komplex und detailliert. Auch der Beobachtungsplan zu den Fragebögen bezieht sich nicht nur auf die Einrichtung und Kleidung, sondern auch auf die Form der Sprache und auf den Akzent in der Aussprache. Zudem ist der Beobachtungsplan sehr kleinschrittig. Er geht von der Absatzgröße der Schuhe, bis hin zur Art und Farbe des Hemdes hin. Auch auf die Schminke und das Parfüm der Dame im Haus wird geachtet. Der Umfang des Beobachtungsplans kann anhand der Vorgaben für die Frisur veranschaulicht werden. Folgende Angaben sind zur Frisur enthalten: kurzes, sehr kurzes, halblanges, langes Haar. Haarknoten, Dauerwellen, ungefärbtes, gefärbtes, toupiertes, stark toupiertes oder struppiges Haar.[47] Die Variablen, die Im Beobachtungsplan vorhanden sind, sind teilweise auch im Fragebogen enthalten, um auch die Selbsteinschätzung erfassen zu können.

Typische Konstellationen der Studien Bourdieus aus den 60er Jahren sind: Wenn das Kapitalvolumen hoch und das kulturelle Kapital niedrig ist, so sind diese den Lebensstilen von Unternehmern mit zwei Kindern aus Mittelstädten gleich. Die gemeinsamen Interessen setzen sich dabei aus Gemäldesammlungen, ausländischen Autos, Champagner, Versteigerungen, usw. zusammen. Bei einem durchschnittlichen Kapitalvolumen und hohem kulturellem Kapital vereinen sich Lehrer, Studenten, Kulturvermittler mit weniger als 2 Kindern in Kleinstädten zu einem Lebensstil. Ihre Interessen orientieren sich an Van Goh, Töpferei, modernem Jazz, Briefmarkensammlungen usw. Die Übergänge in der empirischen Konkretisierung der Lebensstile zeigen sich fließend zwischen den Klassen.[48]

Der Befund über den legitimen Geschmack zeigt, dass er durch die Oberklassen bestimmt wird. Somit entspricht die Hierarchie der ästhetischen Einstellungen, der Hierarchie der Klassen. Den Geschmack des Großbürgertums prägten Menschen, die vom Großbürgertum abstammten und die Elitenschule besuchten. Sie verfügten über einen vornehmen Habitus, der für den Zugang in die Herrschenden Klassen erforderlich war. Ohne angemessenes Äußeres, Umgangsform und Lebensart hatten Bildungstitel keinen Wert. Das Verhältnis zur klassi-

---

46   Vgl. ebd. S. 822 f.
47   Vgl. ebd. S. 809.
48   Vgl. Lüdtke, *Expressive Ungleichheit*, S.94.

schen Musik stellt ein prägnantes Merkmal in der Unterscheidung der Klassen dar. Dabei stellte sich heraus, dass die herrschenden Gruppen besonders mit der klassischen Musik vertraut sind. Auch zum Thema Kunst wurden bei den Unterschichten nur die anerkanntesten und bekanntesten Maler genannt. Wohingegen in den Oberschichten ein breiteres Spektrum erwähnt wurde.

Somit hat sich gezeigt, dass unterschiedliche Verfügungen über die Kapitalarten mit unterschiedlichen Dispositionen einhergehen, wie z.b. die Affinität von Landwirten zu Anisschnaps und von Spitzenmanagern zu teurem Whisky.[49]

5. Fazit

Zusammenfassend ist festzuhalten, dass die neueren Konzeptionen der Sozialstrukturanalyse einen wesentlichen Beitrag dazu geleistet haben, die veränderten Strukturen der gesellschaftlichen Entwicklung zu erfassen. Vor allem das Erfassen der horizontalen Strukturen und Einstellungen stellt einen zusätzlichen Faktor in der „neuen Sozialstrukturanalyse" dar. Speziell anhand Bourdieus Theorie haben wir die vielseitigen Elemente der neuen Konzepte umfassend kennengelernt. Die praktische Arbeit Bourdieus zeigt eine beeindruckende und umfangreiche Empirie auf.

Der wichtigste Begriff den Pierre Bourdieu in seinem Werk „Die feinen Unterschiede" geprägt hat, ist wohl der Habitus. Die Habitustheorie verdeutlicht, warum die Gesellschaft trotz verschiedener Interessen und Handlungsweisen der Akteure funktioniert und warum die Akteure trotz dieser Unterschiede harmonisch miteinander leben können. Der Habitus ist auch durch die Klassenzugehörigkeit geprägt und hat seine eigenen Charakteristika, welche die Personen übernehmen. Zum Beispiel hätte ein Kind, der aus einer Familie mit hohem kulturellem Kapital stammt, einen viel leichteren kommunikativen Zugang zu seinen Lehrern und wäre viel besser in der Lage die Erwartungen der Lehrer in der Schule zu erfüllen. Im Gegensatz zu einem Kind aus einer Arbeiterfamilie, der einen völlig anderen Habitus erfährt. Diese Theorie Bourdieus ist nach dieser Definition auch in der heutigen deutschen Gesellschaft noch gültig, obwohl Bourdieu den Aufbau der französischen Gesellschaft beschreibt. Denn in Deutschland ist der Zugang zu höherer Bildung stark durch die soziale Herkunft geprägt.

---

[49]   Vgl. ebd. S. 158.

15

Auch die Unterscheidung der verschiedenen Kapitalarten ist Bourdieu sehr gelungen und ermöglicht dadurch einen mehrdimensionalen Einblick. Hätte Bourdieu das Kapital, wie Karl Marx, nur aus ökonomischer Sicht betrachtet, so wäre es ihm wohl kaum gelungen, dadurch den Habitus und die Klassenzugehörigkeiten zu definieren. Mit der Unterscheidung wird verdeutlicht wie Machtpositionen in der Gesellschaft entstehen und weshalb die materiellen und ideellen Ressourcen ungleich verteilt werden. Das kulturelle Kapital scheint hier die wichtigste Kapitalart zu sein, denn diese kann man nicht durch Geld erlangen und das kulturelle Kapital beeinflusst den Lebenslauf erheblich und ist auch kaum zu ändern. Diese Art des Kapitals wird nahe zu vererbt. Wenn die Familie aus einer Bildungsschicht kommt wird man auch selbst die jeweiligen Präferenzen und Geschmäcker entwickeln und sich in diesem sozialen Raum weiterentwickeln. Der Zugang von „niedrigeren Schichten" zu einer höheren Klasse ist aufgrund des Mangels an kulturellem Kapital meist sehr schwer und der Zugang zu höheren Bildungseinrichtungen, wird durch den eigenen klassenspezifischen Habitus gehemmt. Der soziale Raum trennt die unterschiedlichen Klassen voneinander und in diesem bilden sich verschiedene Segmente, wo drin sich spezifische Lebensstile, Geschmäcker und Eigenschaften entwickeln. Mit seinem Habituskonzept hat Bourdieu die Dimensionen der Gesellschaft aus vielen Ebenen zu erklären versucht und hat sich dabei nicht nur auf einen Faktor beschränkt. Besonders die Unterscheidung der Kapitalarten ist sehr schlüssig.

Literaturverzeichnis

- **Barlösius, Eva** (2006): *Pierre Bourdieu*, Frankfurt am Main: Campus Verlag
- **Berger, Peter A. / Hradil, Stefan** (Hrsg.) (1990): *Soziale Welt*. Lebenslagen, Lebensläufe, Lebensstile. Sonderband 7, Göttingen: Otto Schwartz & Co.
- **Bourdieu, Pierre** (1987): Die *feinen Unterschiede. Kritik der gesellschaftlichen Urteilskraft*, Frankfurt am Main: Suhrkamp Verlag.
- **Burzan, Nicole** (2007): *Soziale Ungleichheit. Eine Einführung in die zentralen Theorien*, Wiesbaden: VS Verlag für Sozialwissenschaften.
- **Fuchs-Heinritz, Werner/König, Alexandra** (2005): *Pierre Bourdieu-Eine Einführung*, Konstanz: UVK Verlagsgesellschaft.
- **Helmert, Uwe / Bammann, Karin** et. al. (Hrsg.) (2000): *Soziale Ungleichheit und Gesundheit in Deutschland*. Müssen Arme früher sterben? München: Juventa.
- **Holtmann, Dieter** (2008): *Die Sozialstruktur der Bundesrepublik Deutschland im internationalen Vergleich*, Potsdam: Universitätsverlag Potsdam
- **Hradil, Stefan** (1987): *Sozialstrukturanalyse in einer fortgeschrittenen Gesellschaft*, Opladen: Leske u. Budrich.
- **Lüdtke, Harmut** (1989): *Expressive Ungleichheit. Zur Soziologie der Lebensstile*, Opladen: Leske u. Budrich.
- **Müller, Hans-Peter** (1992): *Sozialstruktur und Lebensstile. Der neuere theoretische Diskurs über soziale Ungleichheit*, Frankfurt am Main: Suhrkamp.
- **Oesterdiekhoff, Georg** (2001): „Pierre Bourdieu: Die feinen Unterschiede. Kritik der gesellschaftlichen Ur teilskraft". In: Oesterdiekhoff, Georg (Hrsg.): *Lexikon der Soziologischen Werke*. Wiesbaden:
- Westdeutscher Verlag.
- **Reese-Schäfer, Walter** (2001): „Die feinen Unterschiede. Kritik der gesellschaftlichen Urteils kraft". In: Papcke, Sven/Osterdiekhoff, Georg (Hrsg.): *Schlüsselwerke der Soziologie*. Wiesbaden: Wiesbaden: Westdeutscher Verlag.
- **Rehbein, Boike** (2006): *Die Soziologie Pierre Bourdieus*, Konstanz: UVK.
- **Stein, Petra** (2006): *Lebensstile im Kontext von Mobilitätsprozessen*, Wiesbaden: VS Verlag für Sozialwissenschaften.
- **Vogt, Ludgera** (2000): „Pierre Bourdieu". In: Kaesler, Dirk/Vogt, Ludgera (Hrsg.): *Hauptwerke Soziologie*. Stuttgart: Kröner.

Internetquellen:
- **Rainer Geißler**, (2009): *Facetten der modernen Sozialstruktur*. In: Heft 269. http://www1.bpb.de/publikationen/3KK1NR,0,Facetten_der_modernen_Sozialstruktur.html (30.11.2009)
- O.V. http://www.erzwiss.uni-hamburg.de/personal/lohmann/lehre/som3/bourdieu1992.pdf (28.11.2009)

BEI GRIN MACHT SICH IHR WISSEN BEZAHLT

- Wir veröffentlichen Ihre Hausarbeit, Bachelor- und Masterarbeit

- Ihr eigenes eBook und Buch - weltweit in allen wichtigen Shops

- Verdienen Sie an jedem Verkauf

Jetzt bei www.GRIN.com hochladen und kostenlos publizieren